Sweet! 18歲甜品少女日記

給摯愛的輕甜點

細選 33 道節慶甜點，精緻包裝傳達率性感情

研出版

序

2015年松下和豆果美食在中國五座城市以及港澳臺地區舉行了「松下烘焙魔法世界大師賽」海選，在決賽的現場，作為評委的我再次見到了脫穎而出美麗的Meiyin.H。她的作品和她給人的第一感覺一樣，精緻、細膩和清新。再後來，關注了她的朋友圈，每每更新總會令人忍不住的流口水，美食，美食，只有美食！烘焙，像是魔法，卻又充滿著濃濃的愛。美味不止是靠雙手，更是靠心意去完成。每個熱愛烘焙的人，無不是熱愛生活、熱愛家人和朋友的人。Meiyin.H就是這樣一個女生，透過自己的努力，一次次挑戰，一次次嘗試，把自己認可的美味變出來。這次她把自己積累的烘焙心得化為一道道簡單卻透著精緻的食譜，幫助熱愛生活想通過烘焙傳遞愛的初學者們，從基礎知識開始，從認識烘焙開始，一步步進階，然後可以在每個節日都完美呈現出自己的心意。相信越來越多的初學者會從這本書中受益，讓更多家庭洋溢著甜蜜幸福的味道！

朱虹

豆果美食聯合創始人
美食欄目嘉賓及評委

我是北京「原麥山丘」烘焙品牌行政主廚林育瑋。我跟Meiyin.H是在廣東順德知名家電品牌長帝烤箱舉辦的長帝烘焙節烘焙比賽結識的，當時我是評審。Meiyin.H在那場比賽中所表現的烘焙技術及態度讓我印象深刻。做甜點的工藝流程都十分謹慎，這本書的作品內容一定非常完整，我記得Meiyin.H比賽作品所選用的食材都是最自然而且自己喜愛的，在製作過程中很享受，我相信她一定能將烘焙的精髓及重點分享給大家。真正優秀的烘焙作品除了有合理的配方比例及設備器具外，最重要關鍵就是心態和觀念，Meiyin.H這本書就是教大家如何輕鬆製作出優秀作品，希望幫助烘焙愛好者解決一些不清楚的烘焙概念。Meiyin.H比任何人更投入烘焙這條無止境的道路，當她告訴我要出一本幫助初學者的書我非常感動，並真心祝福Meiyin.H未來一切順利。

林育瑋

原麥山丘行政主廚
臺灣四大天王烘焙大賽金牌獎

自序

不知不覺，踏上烘焙的路已經快要三年了。從一開始有一下沒一下的玩玩，到後來愈來愈認真，買了疊疊的書，一櫃子的烘焙食材和工具，漸漸地也就愈來愈沉迷。到現在無論有空沒空，烘焙已經成了我生活中不可或缺的一部分。喜愛下廚的人會明白，在烹調的過程中，無論是洗切食材，還是製作的過程都十分讓人享受，因為你是懷着滿滿的心意去製作這道美食。

烘焙甜點的路一直都是坑坑窪窪的，很多看似簡單的料理，卻無意之中絆了你一腳，讓你失去繼續前進的信心。但只有繼續挑戰，不停的鑽研，才可以在一次又一次的失敗之後，享受到成功的美好。我這方面我絕對算不上是高手，但是這三年來陸陸續續地也累積了一些經驗，希望能夠透過這本書跟大家分享，讓剛接觸烘焙的你，也能製作出一些成果跟身邊人分享哦！

Meiyin.H

PART 1
不可不知的甜點小知識

PART 2
節慶甜點

Contents.

學 習

學習是有過程的，就像小孩學走
路，扶著東西慢慢站起來，到扶著
東西左右移動，再邁出第一步，即
使失敗也不要緊，因最愛你的人依
然在你身邊，愛護你、守護你。

常用工具

烘焙器材琳瑯滿目，真的感到眼花繚亂。動手前先了解各種工具的用途，使操作時更加得心應手。

矽膠揉麵板
Non-Stick Pastry Mat

用於搓揉麵糰時避免黏住或弄髒桌面。揉麵板上有標示刻度，分縱橫的標尺和同心圓的標尺，可以自由控制麵糰的直徑和長度。

曲奇模
Cookie Cutters

將麵糰切割成不同圖案。

放涼架
Cooling Rack

把剛出爐的食物放涼散熱。

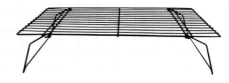

馬卡龍矽膠墊
Non-Stick Silicone Baking Mat

用於製作馬卡龍，能輕鬆唧出漂亮而整齊的圓形，不會因為烘乾過度而黏在膠墊上，亦可取代牛油紙製作其他烘烤食物。

防黏蛋糕烤模
Non-stick Baking Molds

可以用來烤麵包或蛋糕，不同烤模可做出不同形狀。

入爐紙杯
Paper Cups

用於製作紙杯蛋糕。

粉篩
Sieve

把麵粉過篩可混入空氣和減少麵粉結塊。

桿麵棍
Rolling Pin

用於麵糰整形，及平均地擀
開麵糰。

電動打蛋器
Electric Egg Beater

用來打發或是拌勻食
材，比起手動打蛋器更
省力。

手動打蛋器
Hand Whisk

用來打發或是拌勻食材。

刮板
Dough Scrape

用於分割麵糰、刮淨打
蛋盆內的材料或集中唧
袋中的麵糊。

刮刀
Rubber Spatulas

橡皮刮刀刀面很有彈性，容易
和容器內的表層密合，輕易將
材料從下往上刮起或混合打蛋
盆內的麵糊。

即棄唧袋
*Disposable
Decorating Bag*

即棄唧袋方便衛
生，不論裝飾或
入模皆非常有
用。

唧嘴
Piping Tubes

加入不同花紋唧嘴，唧
出花邊或曲奇，具有裝
飾效果。

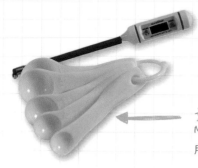

電子溫度計
Digital Thermometer

偵測烹調中的食物或食材溫度。

量匙
Measuring Spoons

用於量度少量食材的份量。

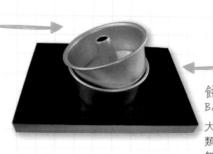

戚風蛋糕模
Angel Food Cake Pan

戚風蛋糕專用模，是一種圓形中空模，可用來製作圈形的戚風或海綿蛋糕。

餅乾烤盤
Baking Sheet

大部分用來烤焗餅乾之類的點心，特點是扁平無深度，方便餅乾烤好後直接傾斜倒出放涼。

抹刀
Cake Spatula

用於抹開忌廉或麵糊、抹平平面、幫助餅乾從焗盤取下等。

毛掃
Pastry Brushes

用於掃上液體，如雞蛋液、油等。

電子磅
Digital Scale

精準量度食材重量及分量。

量杯
Measuring Cup

一般指杯狀或是容量較大的測量工具，用於量度食材重量及分量。

10

常用食材

了解烘焙食材的種類和特性，可按個人喜好配搭不同的食材，做出美味可口的甜點。

豬油
Lard

從豬的脂肪中提煉得到的動物性油脂，多用於中式點心、批、撻製作上，可增加食材香氣。

魚膠片
Gelatin Leaves

半透明黃褐色，需要用冰水泡軟，具凝固作用。

魚膠粉
Gelatin Powder

粉狀，具凝固作用。

糖霜
Icing Sugar

潔白的粉末狀，糖顆粒非常細，減少麵糰延展性，亦可用作表面裝飾。

海鹽
Sea Salt

用作調味，香氣比一般餐用鹽好。

杏仁粉
Almond Powder

製作馬卡龍的杏仁粉比一般食用杏仁粉細緻，像麵粉一樣細緻的粉末。

即溶吉士粉
Custard Mix

預拌粉的一種，只要加入少量的液體攪拌即可還原為濃稠的吉士醬。

紅桑莓果泥
Raspberry Puree

100%鮮果打製而成，無其他添加，需儲存於冰格。

雞蛋
Egg

在西點製作佔有非常重要的角色，用作結合不同的材料，增加甜點的柔軟。

麥芽糖漿
Glucomalt

又稱麥芽水飴或水麥芽，用於製作耐凍食品效果更佳。

藍莓果醬
Blueberry Jam

大概成分有鮮果肉、檸檬汁、糖和食用膠，亦可以自行熬煮。

免調溫巧克力
Compound Chocolate

融化後會自動再凝固，免去了調溫的麻煩。

色粉
Powdered Food Color

功用等同色素，改變原來食物或材料
的顏色，但色粉不含水。

雲呢拿香油
Vanilla Extract

用於調味和增加香氣，
使用雲呢拿枝味道更
佳。

泡打粉
Baking Powder

又稱發粉，是膨脹劑
的一種，經常用於蛋
糕及西餅的製作。

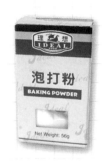

植物性淡忌廉
Whipping Cream

牛奶似的液體，但是乳脂
含量更高。分動物性和植
物性兩種，是西點製作素
材之一。

牛奶
Milk

使用全脂牛奶香氣更佳。

無鹽牛油
Unsalted Butter

一般建議使用無鹽牛油，鹽分的使用完全依照
食譜來作調整而不必去估算含鹽的牛油中所含
的鹽量多寡。

13

各種蛋糕製作方法

用不同方法製成的甜點會有不同質感,以下四種是常見的甜點製作方法。

A) 油搓粉法 Rubbing-in Method

油搓粉法是用手指或批皮攪拌器將油脂搓入麵粉內。油脂和麵粉的基本比例為1/2:1。以油搓粉法製成的糕餅一般較乾,而且只能存放一段短時間。

食譜:豆沙卷(P.44)

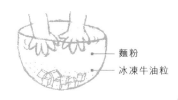

麵粉
冰凍牛油粒

B) 擂油法 Creaming Method

擂油法是用木匙或電動打蛋機把油脂和糖擂成忌廉狀。油脂和麵粉的基本比例為1/2:1。以這個方法製成的糕餅,比較濕潤,可保存較長的時間。

食譜:擠花曲奇(P.84)

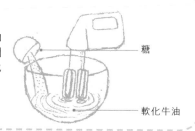

糖
軟化牛油

C) 打蛋法 Whisking Method

以打蛋法製成的糕餅,一般不用油脂。用打蛋器拌打可吸納大量空氣。蛋、糖和麵粉的基本比例為1:25克:25克。以打蛋法製成的糕餅十分鬆軟,但容易變乾,不宜存放太久。

食譜:提拉米蘇(P.41)

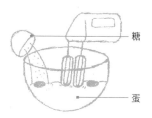

糖
蛋

D) 溶油法 Melting Method

溶油法是先把油脂和糖漿一起放在煮食鍋內文火煮溶,然後把煮溶了的混和物加入麵粉或其他乾材料。以這個方法製成的糕餅一般質地較軟,而且濕潤,在密封的容器內,可以存放3-4日。

麵粉
蛋
油脂
糖

海綿蛋糕 vs. 戚風蛋糕

兩者在做法上不太一樣，戚風蛋糕採用分蛋打發，而海綿蛋糕大部分是用全蛋打發。戚風
蛋糕的口感輕柔、鬆軟，看起來很大一塊，但吃進嘴一下子就溶化掉了，完全不會乾喉。
海綿蛋糕的口感比較綿密、富有口感、香氣重，但製作不好會有乾乾的感覺。

海綿蛋糕

A) 全蛋打發

糖　　液體　　麵粉

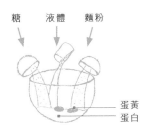

蛋黃
蛋白

B) 分蛋打發

蛋黃　　液體　　麵粉

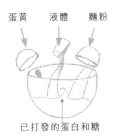

已打發的蛋白和糖

戚風蛋糕

A) 普通版

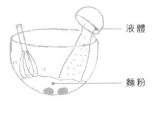

液體

麵粉

B) 燙面版

麵粉　　蛋黃

液體

糖

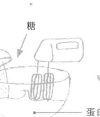

蛋白

法式馬卡龍 vs. 意式馬卡龍

馬卡龍大致可分成法式馬卡龍和意式馬卡龍。法式馬卡龍是把砂糖加入蛋白打發做成法式蛋白糖霜，再將蛋白糖霜和麵粉類混合調配成麵糊。而意式馬卡龍是把熱熱的糖漿入蛋白中做成意式蛋白糖霜，再用另外的蛋白和麵粉類混合調配，加入早前調配的意式蛋白糖霜，攪拌均勻。

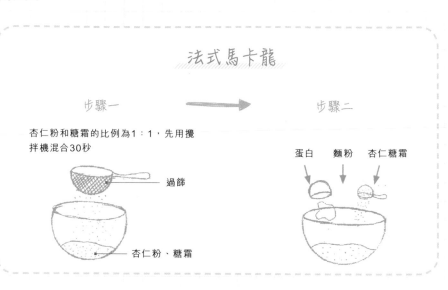

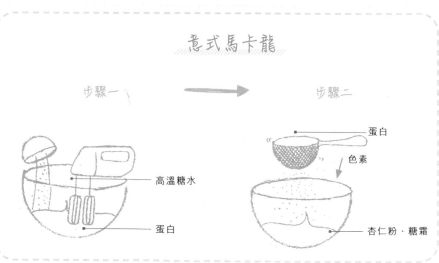

各種蛋白霜

蛋白霜的製作過至成形好關係著甜點成功與否。

A) 法式蛋白霜 French Meringue

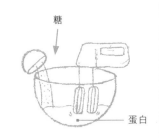

糖

蛋白

生蛋白霜，是三種蛋白霜最不穩定的，但做法最簡單，質地最輕柔。

食譜：芝士覆盆子蛋糕卷（P.49）、抹茶忌廉蛋糕卷（P.82）、檸檬戚風（P.68）、兔子馬卡龍（P.98）、南瓜馬卡龍（P.100）

B) 意式蛋白霜 Italian Meringue

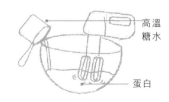

高溫
糖水

蛋白

熱蛋白霜，將砂糖加熱到116℃-121℃並加入於攪拌中的蛋白。意式蛋白霜質地結實，色澤光滑，不容易變形。

食譜：熱情果馬卡龍（P.52）

C) 瑞士式蛋白霜 Swiss Meringue

糖

蛋白
熱水

生蛋白霜，攪拌前將蛋白與砂糖加熱到43.33℃，比人體溫高一點點，相對其他蛋白霜穩定，質地比法式蛋白霜結實。

食譜：聖誕樹蛋白糖霜脆餅（P.96）

基本技巧

只要掌握基本製作技巧，就能減低製作蛋糕的失敗率！

翻拌手法

01　用膠刮刀從麵糊 2 時方向滑下。

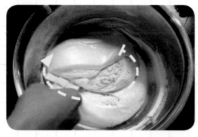

02　滑至麵糊底部。

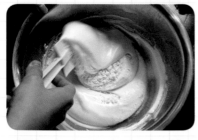

03　從麵糊8時方向翻起來。

04　盆子轉180度後重複以上步驟。

切拌手法

01　用膠刮刀從麵糊頂部向下劃
幾下。

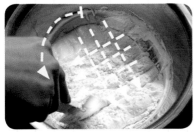

02　把盆子旋轉 90 度，再次從
頂部向下劃幾下，形成格仔
紋。

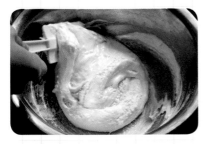

03　用膠刮刀順着盆邊把麵糊集
中到中間。

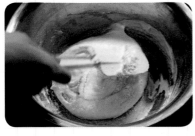

04　重複以上步驟。

打發穩定法式蛋白霜

01 先用低速把蛋白打散。

02 加入 1/3 白砂糖。

03 轉成中速打發至細砂糖完全融化。

04 再加入另外 1/3 細砂糖。

05 轉成高速打發至細砂糖完全融化。

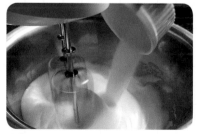

06 加入剩下 1/3 細砂糖。

O7 轉回中速打發均勻。

O8 加入數滴檸檬汁，換成低速
打發至理想的程度便可。

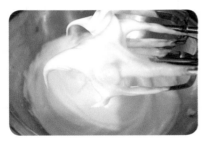

這是打至七分發的蛋白霜，也就是
濕性發泡，提起蛋白時，會呈現出
一個大彎角。

這是打發九分發的蛋白霜，也就是
乾性發泡，提起蛋白時，會呈現出
一個直角或者微小的彎角。

Q: 應分多少次加入砂糖？

A: 若砂糖的份量是超過蛋白份量的一半。

因為蛋白有黏結蛋白和水分的作用，可抑制蛋白發泡。所以，需要稍微把
蛋白打散再分次加入砂糖。

食譜：兔子馬卡龍（P.98）、南瓜馬卡龍（P.100）、檸檬戚風（P.68）、
抹茶忌廉蛋糕卷（P.82）

A: 若砂糖的份量是等於或者低於蛋白份量的一半。

因為蛋白水分太多，為使蛋白綿密細緻，細砂糖應在一開始打發時便一次
過加入。

食譜：芝士覆盤子蛋糕卷（P.49）

甜麵糰技巧

只需掌握一種甜麵糰，就能做出千變萬化的甜點！

"小技巧"

01 牛油不要過度打發，否則麵糰烘烤時會膨脹變形。

02 碎麵糰揉合成一整糰就立馬停止，過分搓揉麵糰會令麵糰變得乾燥，擀開時容易裂開。

03 使用後的麵糰邊可揉合成塊再次使用，但次數應在兩次以，重複搓揉麵糰會做麵糰變乾實不好吃。

04 可多做一點的麵糰，然後放入雪櫃冷凍保存，使用前解凍即可，麵糰可保存很長時間。

材料

牛油 ………………………… 150 克
細砂糖 ……………………… 75 克
蛋黃 ………………………… 2 個
低筋麵粉 …………………… 225 克

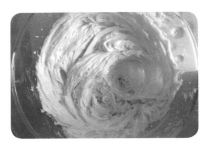

01 牛油置室溫軟化，打至順滑。

02 加入細砂糖，打至牛油稍稍發白
膨脹。

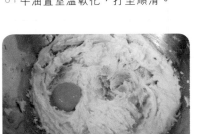

03 分2次加入蛋黃，打至均勻。

04 篩入低筋麵粉，以切拌方法
（P.19），並輕壓拌麵糰至不見
粉粒。

05 倒出碎麵糰，用手揉成麵糰。

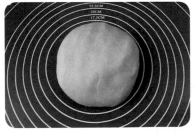

06 將麵糰壓扁，包上保鮮膜，放入
雪櫃冷藏45分鐘即可使用。

馬卡龍技巧

製作馬卡龍的材料非常簡單，但製作過程中失敗率很高，每一個步驟都十分講究。

"事前準備"

01　準備好馬卡龍矽膠墊，也可以在圖案紙上蓋上一層牛油紙來代替。（如果做非對稱形狀的馬卡龍記得要準備正反兩面的圖案，如：兔子馬卡龍。）

02　把杏仁粉和糖霜用攪拌機混合30秒至均勻，也可以過篩3次，直至兩者完全混合均勻為止 ⓐ 。

意式馬卡龍

意式蛋白糖霜		馬卡龍麵糊	
蛋白	30 克	杏仁粉	90 克
白砂糖	90 克	糖霜	90 克
水	25 克	色粉	少許
		蛋白	30 克

01 製作意式蛋白糖霜，將蛋白打至有細膩的泡泡後，加入15克白砂糖打至濕性發泡，提起打蛋器呈有小彎鈎。

02 將75克白砂糖混合水煮至118℃。

03 將糖水緩緩倒入已打發的蛋白裏，打蛋器用高速打發。

04 打至蛋白溫度下降，紋路清晰即可停，意式蛋白糖霜完成。

05 將杏仁糖霜加入色粉攪拌均勻，混合蛋白，攪拌均勻。

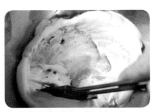

06 打已放涼的意式蛋白糖霜分三次加入麵糊中 b 。

07 第一次加入蛋白混合時，需要往盤壁上抹或壓拌，作適當的消泡。

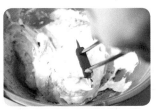

08 第二次加入蛋白混合時，使用切拌法（P.19），次數不要太多。

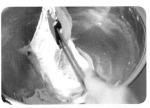

09 最後一次加入蛋白混合時，使用翻拌法（P.18），混合均勻。

法式馬卡龍

法式蛋白糖霜

蛋白 ················· 150克

細白砂糖 ············· 75克

馬卡龍麵糊

杏仁粉 ················· 70克

糖霜 ················· 90克

色粉 ················· 少許

01 蛋白打至有細膩的泡泡後，分三次加入細白砂糖，打至硬性發泡（亦可以硬性偏軟），提起打蛋器呈直角，尾端輕微彎曲。（請參考：如何打發穩定的法式蛋白霜 P.20）

02 將杏仁糖霜分3次篩入蛋白裏，用翻拌法(P.18)攪拌均勻 b。

03 翻拌麵糊至光亮有光澤，挑起呈緞帶般飄落折疊即可。

04 加入色素，並在最少的次數　把色素翻拌均勻，否則麵糊會很容易消泡。

最後步驟

01 把麵糊倒入已經安裝好唧嘴的唧袋裏，密封備用。

02 把馬卡龍矽膠墊放在平穩的烤盤上，四角用少許馬卡龍麵糊黏合，以防矽膠墊移動影響成形。

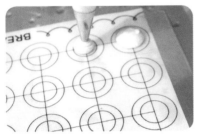

03 在矽膠墊上唧出麵糊 c ，輕拍烤盤底部幫助麵糊攤開。

04 用牙籤把馬卡龍麵糊表面的泡泡戳破。

05 唧好的馬卡龍麵糊需要晾至表面微硬，表皮用手指輕按會回彈，不黏手即可 d 。（製作當天溫度26℃，濕度77％，用了約1小時。）根據不同地方的氣候，時間會有所不同。使用色粉的意式馬卡龍可以省去這個步驟直接送入焗爐進行烘烤即可。

06 放入已經預熱160℃的焗爐，開啓熱風功能，烘烤12-16分鐘即可 e 。

馬卡龍小技巧

(a) 糖霜和杏仁粉必須混合好，不然攪拌的時候會出現顆粒狀。但是不要攪拌太久，否則杏仁糖霜會出油。

(b) 蛋白和杏仁粉攪拌的時候要有適當的消泡，不然麵糊膨脹力太高也會裂開的。

(c) 唧馬卡龍麵糊時，厚度和大小都要均一。

(d) 晾麵糊的時間要掌握好，不夠乾會導致裂開，太乾會形成很厚的表皮，裙邊往內。

(e) 烘烤的時間和溫度只能作參考，應根據自家焗爐的脾性做出調整。

成功的馬卡龍

(a) 表面光滑無裂痕。
如果表面出現了裂痕，應檢查一下焗爐的設定，因為每個焗爐的預熱溫度和烘焗時間也不太一樣。製作馬卡龍前應摸清楚自家焗爐的「脾性」。除此之外，烘焗時沒有固定好烘焙紙或矽膠墊，使麵糊晃動，亦有可能使馬卡龍表面出現裂痕。法式馬卡龍表面沒有結皮而放入焗爐，也會出現裂痕。

(b) 色彩依舊，沒有因為過度烘烤而變得微黃。
若果馬卡龍表面顏色不均或有變色的情況出現，同樣應檢查一下焗爐的設定，烘烤溫度過高，會使馬卡龍受熱不均、上色不均。另外，未完成烘烤過程而直接取焗爐取出，會使外殼的顏色分佈不均，出現明顯的深色。

(c) 裙邊高度一致。
若果裙邊有傾向一側或不平均的情況出現，有可能是烘焙紙或矽膠墊未有放平，使麵糊傾側。應選擇合適的矽膠墊和烤盤，以無邊的烤盤更佳。亦有可能是過度攪拌麵糊所致。

(d) 掰開組織嚴密，不空心；空心的馬卡龍只要吸潮得宜，味道還是很好的。
若然馬卡龍出現空心的情況，有可能是打發蛋白不足所致，蛋白霜不夠堅挺，氣泡過大，使烘焗時馬卡龍出現空心。此外，烘焗不足，亦會導致馬卡龍組織不夠嚴密。

PART 2
節慶甜點

分享

分享是獲取快樂重要的方法。當看
到別人因為你的分享而獲得快樂
時，那種喜悅是成倍數成長的。

72%黑巧克力布朗尼
Dark Chocolate Nuts Brownies

我的父親是一個不嗜甜的人，所以在父親節當天，我特意為他準備了一份「不甜」的甜點，讓他即使嘴上不甜，也能甜在心裏。

製作難度

☆☆☆☆☆

材料

牛油	180 克
72% 黑巧克力	100 克
雞蛋	2 個
細砂糖	120 克
低筋麵粉	90 克
核桃碎	50 克

做法

01 牛油置室溫軟化，巧克力隔熱水座融。

02 將巧克力倒入已經軟化的牛油中攪拌均匀。

03 把雞蛋、細砂糖、低筋麵粉和核桃碎逐樣加入，混合均匀，每加一樣材料均要攪匀才加入新的材料。

04 牛油紙鋪在焗盤上，倒入麵糊，麵糊約2-3cm厚。

05 放入已預熱焗爐，用180℃焗20-25分鐘即可。

01 02

03 04

巧克力慕絲
Chocolate Mousse

情人節總不免收到一大堆的巧克力，不知道怎麼消滅它？可以參考以下的食譜，做成巧克力慕絲與朋友們分享吧！

魚膠片處理竅門

1.魚膠片必須使用食用冰水或凍水泡軟。

2.沒有魚膠片可使用同等分量的魚膠粉代替，用5倍分量的水泡軟，再隔熱水融化成液體即可。

材料

魚膠片	2.5 克
牛奶	35 克
牛奶巧克力	10 克
黑巧克力	15 克
可可粉	5 克
淡忌廉	100 克
煉奶	15 克

裝飾

防潮可可粉	適量
藍莓	適量
覆盆子	適量

做法

01 先把魚膠片用食用冰水泡軟。

02 牛奶、牛奶巧克力、黑巧克力和可可粉隔熱水座融。

03 將已泡軟的魚膠片瀝乾水分，隔熱水融化，然後倒入巧克力糊裏攪拌均勻。

04 淡忌廉加入煉奶。

05 低速打發至出現明顯紋路。

06 倒入巧克力溶液，攪拌均勻。

07 慕絲溶液倒入容器中，放入雪櫃冷藏4小時至凝固。

08 將可可粉篩在已凝固的慕絲面上，再放上布朗尼、藍莓和覆盆子即可。

製作難度

☆☆☆☆☆

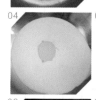

巧克力玫瑰
Chocolate Rose

節日裏，花朵的價格總是水漲船高，而且放不了幾天就凋謝了。倒不如親手把玫瑰花瓣一塊塊黏上，既精緻有心思又環保。

◀◀◀◀◀◀◀ ◀ ◀ ◀ ◀ ◀ ◀ ◀ ◀ ◀

製作難度　☆☆☆☆☆

材料

白巧克力	150 克
水飴糖漿	75 克
食用色素	數滴

做法

01 白巧克力隔熱水座融，然後將熱水拿開。

02 加入麥芽水飴，攪拌均勻。

03 加入食用色素，拌勻。

04 將溶液用保鮮紙包好後，冷藏5-10分鐘至凝固但不硬。

05 從雪櫃取出巧克力，取一小團搓捏成圓錐體作花蕊，插入竹籤。

06 再取一小團，放於兩張牛油紙中間擀扁。

07 或用指腹按扁成花瓣。

08 花瓣包裹著花蕊，如此類推，愈外面的花瓣愈大片，黏好的花瓣可輕輕往外翻，會更神似。

注意色素份量

1. 部分烘焙店有出售有色免調溫巧克力，可省卻了加入食用色素這部分。

2. 不建議使用過多食用色素，否則巧克力糰會因此變得太稀和黏手，不便於塑形。

3. 巧克力容易受潮融化，送禮時可放入冰袋保冷。

天鵝泡芙
Puff Swan

一對交頸相纏的天鵝，就像熱戀中的情侶，
希望吃過天鵝泡芙的情侶們都能像天鵝般甜
蜜溫馨地相處下去。

製作難度 ☆★★★★

材料

牛奶	70 克
水	50 克
無鹽牛油	50 克
細砂糖	5 克
鹽	1 克
高筋麵粉	40 克
低筋麵粉	30 克
雞蛋	2 顆

草莓忌廉餡

草莓	100 克
砂糖	10 克
君度橙酒	1/2 湯匙
淡忌廉	200 克
煉奶	30 克

泡芙膨脹不塌的關鍵

1. 泡芙在烘焗的過程中絕對不能打開焗爐，因為還沒焗到位的泡芙，裏面還帶點濕潤，出爐後會倒塌。所以，必須焗至整個泡芙呈金黃色才可出爐，不必焦急。

2. 製作好的泡芙麵糊可以密封冷藏保存，需要時取出回溫便可進行烘焗。但不建議保存太久，應盡快使用。

3. 焗好的泡芙可以密封冷藏保存，食用時取出烘焗加熱便能回復酥脆。

做法

01 牛奶、水、無鹽牛油、細紗塘和鹽放入鍋
　　內煮至融合。

02 加入高筋麵粉和低筋麵粉，迅速攪拌均
　　勻。

03 攪拌至完全沒有粉粒、底部出現薄膜即可
　　關火。

04 粉糰放涼至不燙手，分數次加入全蛋液，
　　每次攪拌至完全均勻再加入下一次。

05 拌勻至挑起約有3cm長的倒三角而不掉落
　　的即可。

06 將麵糊倒入唧袋，唧出水滴形狀。天鵝的
　　頸部可用比較細的圓形唧嘴唧出數目字
　　「2」。

07 預熱焗爐至220℃，放入麵糊調低至
　　200℃焗20分鐘，然後調至180℃焗15分
　　鐘，最後以150℃焗5-10分鐘至金黃色即
　　可。頸部用180℃焗5-10分鐘至金黃色即
　　可。

08 草莓一顆切成四份，加入砂糖，攪拌均
　　勻。

09 加入君度橙酒攪拌均勻，放入雪櫃腌漬
　　15-30分鐘。

10 淡忌廉加入煉奶打發至8成有明顯花紋。

11 用刀在泡芙三分一的位置橫切開，將較小
　　的泡芙分成兩份作翅膀。

12 在剩下的三分二泡芙唧上已打發的忌廉和
　　糖漬草莓，並放上翅膀和頸部，固定位置
　　即可。

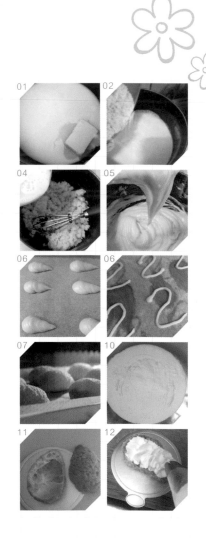

提拉米蘇
Tiramisu

Tiramisu 在意大利文裏有帶我走的意思，在這個白色情人節裏，向心儀的他 / 她表達你最真摯的情感吧！

◀◀◀◀◀◀◀◀◀◀◀◀◀◀◀◀◀◀◀◀◀◀◀◀◀◀◀

製作難度	
☆★★★☆	

蛋糕材料

雞蛋	2 顆
白砂糖	60 克
低筋麵粉	60 克
食用油	30 毫升

芝士奶蛋液

淡忌廉	200 毫升
意大利軟芝士	480 克
蛋黃	2 顆
糖霜	15 克
咖啡	250 毫升
咖啡酒	30 毫升
無糖防潮可可粉	適量

製作蛋糕

01 雞蛋混合白砂糖，隔熱水攪拌至細砂糖完全融化，雞蛋的溫度比人體溫高一點。

02 高速打發雞蛋至體積膨脹到3倍大，換成低速繼續打發至蛋糊能夠劃出蝴蝶結的形狀。

03 分三次篩入低筋麵粉和食用油。先篩入1/3低筋麵粉，然後1/2食用油，再篩入低筋麵粉如此類推，每次加入材料都用翻拌手法(P.18)攪拌均勻再加入下一份材料。

04 在焗盤上鋪上牛油紙，把做好的麵糊倒入焗盤內，送入已預熱的焗爐用180℃焗20-25分鐘至表面金黃色。

05 蛋糕片出爐後，立即倒扣在另一張牛油紙上，撕去底部的牛油紙放涼。

製作芝士奶蛋液

01 將淡忌廉打發至5-6分發，脱離水狀，忌廉仍能黏在打蛋器上即可，備用。

02 意大利軟芝士置室溫軟化，用手動打蛋器攪拌順滑，備用。

03 蛋黃加入糖霜，用電動打蛋器打發至發白。

04 分次加入打發好的忌廉和意大利軟芝士，翻拌均勻，倒入唧袋，用刮板協助集中麵糊，備用。

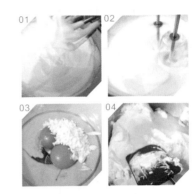

組合

01 用慕斯圈在烤好的蛋糕片上切出兩塊同等大小的蛋糕片，備用。

02 咖啡加入咖啡酒，攪拌均勻，備用。

03 準備一大碟子，把慕斯圈放在上面，然後把一片蛋糕片放入慕斯圈底部。

04 在蛋糕片上均勻地掃上咖啡酒液。

05 然後擠入一半芝士奶蛋液，用刀或刮板協助把麵糊弄平。

06 放上另外一塊蛋糕片，重複步驟4-5，將表面弄平後可放入雪櫃冷藏過夜。

07 冷藏好的提拉米蘇可用熱毛巾圍著餅模外圍或用風筒熱風吹幫助脱模，亦可利用火槍。

08 脱模後在蛋糕表面灑上一層防潮可可粉即成。

豆沙卷
Red Bean Paste Roll

金黃色的豆沙卷，就像是一小塊金子，每一口都是滿足，在新年裏的寓意特別好，用來送禮或自用都不錯啊！

製作難度

☆★★★★

材料

牛油	45克
低筋麵粉	80克
糖霜	30克
蛋黃	15克
紅豆餡	適量
黑 / 白芝麻	適量

做法

01 牛油切塊，加入低筋麵粉和糖霜。

02 用手指將粉類和牛油搓捏至呈麵包糠狀。

03 加入蛋黃，揉成麵糰。

04 把麵糰分成兩份，擀成扁長狀，中間放上豆沙餡。

05 將豆沙餡包裹起來，包上保鮮紙，放入雪櫃冷藏約1小時。

06 切成大小均等條狀。

07 塗上蛋黃液，撒上芝麻。

08 將豆沙卷排放在焗盤上，放進已預熱焗爐，用200℃焗4-5分鐘，然後轉170℃焗10-15分鐘至表面金黃色即可出爐。

貓爪棉花糖
Cat Palm Marshmallow

小朋友總喜歡甜膩軟糯的甜點，棉花糖當然是其中之一，
把棉花糖做成貓爪的樣子，小朋友們必定會為之瘋狂！

制作難度　　★★★☆☆

材料

魚膠片 ⋯⋯⋯⋯⋯⋯⋯⋯ 5 克	水 ⋯⋯⋯⋯⋯⋯⋯⋯⋯ 20 克
蛋白 ⋯⋯⋯⋯⋯⋯⋯⋯ 1 個	糕粉 ⋯⋯⋯⋯⋯⋯⋯ 500 克
細砂糖 ⋯⋯⋯⋯⋯⋯⋯ 45 克	綠茶粉 ⋯⋯⋯⋯⋯⋯ 1 茶匙
檸檬汁 ⋯⋯⋯⋯⋯⋯⋯ 3-4 滴	可可粉 ⋯⋯⋯⋯⋯⋯ 1 茶匙
麥芽水飴 ⋯⋯⋯⋯⋯⋯ 45 克	咖啡粉 ⋯⋯⋯⋯⋯⋯ 1 茶匙
	草莓香油 ⋯⋯⋯⋯⋯⋯ 5 滴

做法

01 用冰水把魚膠片泡軟，備用。

02 蛋白加入10克細砂糖和檸檬汁。

03 用中速打發至提起有直勾，即硬性/乾性打發，備用。（請參考：如何打發穩定的法式蛋白霜 P.20）

04 將35克細砂糖、麥芽水飴和水放到小鍋裏，用小火煮至微稠，離火。

05 魚膠片瀝乾水份，立刻加入小鍋裏，攪拌至完全融化。

06 把魚膠溶液加入已打發的蛋白裏。

07 高速打發至開始見清晰紋路。

08 把棉花糖漿分成五份，分別加入綠茶粉、可可粉、咖啡粉、草莓香油和原味，攪拌均勻，倒入唧袋。

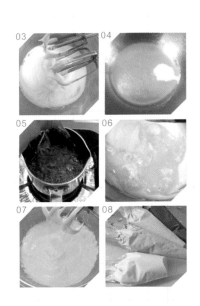

以下有兩個方法可以塑形

方法一

使用棒棒糖蛋糕(Cake Pop)模具

01 在模具上鋪上一層厚糕粉，然後唧上圓形棉花糖漿。

02 用草莓棉花糖漿在圓形漿上唧上四點和一個三角形，撒上糕粉即可脫模。

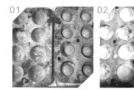

方法二

01 準備大盤子，鋪上一層厚糕粉，然後用雞蛋按出小坑。

02 垂直唧袋，唧出棉花糖漿。

03 然後用草莓棉花糖漿在圓形漿上唧上四點和一個三角形。

04 把旁邊的糕粉灑在棉花糖的表面。

05 然後抖去多餘的糕粉。

06 貓爪棉花糖就完成了，建議待凝固後食用。

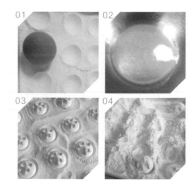

提前準備好物資

1. 建議使用白細砂糖，做出來的顏色會比較潔白。

2. 做好的棉花糖漿凝固速度很快，建議事前先準備好所需材料和用具，使製作好的棉花糖漿可馬上塑形。

3. 糕粉就是熟糯米粉，如買不到熟糯米粉可用普通糯米粉代替，用焗爐以160℃烘焗15分鐘，即成糕粉。

覆盆子芝士蛋糕卷
Raspberry and Cheese Swiss Roll

以正卷的蛋糕卷金黃奪目，很適合新年的氣氛。配上清新宜
人的覆盆子，更是不可抗拒的誘惑，上一卷到別人家拜年絕
不失禮。

◀◀◀◀◀ ◀◀◀◀ ◀◀◀◀◀ ◀◀◀◀◀ ◀◀◀◀ ◀◀◀

製作難度

☆★★★☆

蛋糕片材料

牛奶	100 毫升
忌廉芝士	100 克
蛋黃	2 顆
細砂糖	15 克
葡萄籽油	40 毫升
低筋麵粉	80 克
蛋白	4 個
細砂糖	45 克

餡料

淡忌廉	100 克
煉奶	30 克
忌廉芝士	200 克
糖霜	40 克
覆盆子果泥	適量
覆盆子	120 克

做法

01 牛奶加入已軟化的忌廉芝士，用中火加
   熱，攪拌至融化沒有顆粒、順滑，待涼備
   用。

02 蛋黃加入細砂糖，攪拌至砂糖完全融化，
   加入葡萄籽油攪拌均勻。

03 倒入忌廉芝士糊，攪拌均勻。

04 分兩次篩入低筋麵粉，攪拌至完全無粉
   粒，備用。

50

05 蛋白打發至開始出現紋路，一次過加入細砂
　　糖，以乾性打發至提起蛋白呈小尖角。

06 蛋白分三次加入忌廉芝士糊中攪拌均勻。

07 在焗盤上鋪上牛油紙，倒入麵糊，用力震幾
　　下焗盤，把大氣泡震出。

08 放入已預熱焗爐用175℃焗20-25分鐘至表
　　面金黃。

09 蛋糕出爐後，馬上倒扣在一張稍大的牛油紙
　　上，撕去原有的牛油紙，放涼備用。

10 淡忌廉加入煉奶，打發至5-6分發，剛開始出
　　現紋路，但很快消失的狀態。

11 忌廉芝士置室溫軟化，加入糖霜，打發至順
　　滑。

12 煉奶分兩次加入忌廉芝士中，打發均勻即
　　可，不要過分打發。

13 在蛋糕片上塗上覆盆子果泥，把芝士餡平均
　　塗在蛋糕片上，鋪上適量的覆盆子。

14 將放在蛋糕底的牛油紙卷在桿麵棍上，利用
　　桿麵棍帶動牛油紙往上卷，稍稍按緊，然後
　　推動桿麵棍往前，蛋糕片就能卷起來。

15 卷好的蛋糕卷用牛油紙像包裹糖果一樣密封
　　起來，放入雪櫃冷藏一晚即成。

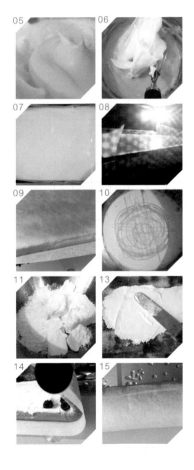

熱情果馬卡龍
Passion Fruit Macaron

熱情果酸溜溜的味道就像是光棍看著情侶雙雙對對的心情，希望吃完以後就像是熱情果馬卡龍一樣既熱情又甜美，趕緊找到你的另一半吧！

製作難度	☆★★★☆

法式蛋白糖霜

蛋白	70 克
細白砂糖	50 克

馬卡龍麵糊

杏仁粉	70 克
糖霜	90 克
色粉	少許

白香果餡

牛油	80 克
糖霜	10 克
淡忌廉	70 克
熱情果蓉	40 克

室溫淡忌廉

1. 淡忌廉必須使用室溫的，否則軟化牛油會再次凝固。

做法

01 參考意式馬卡龍（P.25）及馬卡龍技巧（P.27）。

02 製作百香果餡。牛油室溫軟化，加入糖霜，攪拌均勻。

03 分次加入淡忌廉，打發均勻。

04 最後加入熱情果，打發均勻即可。

甜薯湯圓
Sweet Potato Glutinous Rice Dumplings

冬大過年,冬至是中國人一個不可輕視的節日。在那麼寒冷的冬天裏,吃著熱騰騰的番薯湯圓,一家團團圓圓,圓滿過冬。

◄◄◄◄◄◄◄◄◄ ◄◄◄◄◄◄◄◄◄ ◄◄◄◄◄◄◄◄◄

製作難度　☆☆☆☆☆

材料

糯米粉	⋯⋯⋯⋯⋯⋯⋯	100 克
番薯	⋯⋯⋯⋯⋯⋯⋯	1 根
熱水	⋯⋯⋯⋯⋯⋯⋯	適量
薑片	⋯⋯⋯⋯⋯⋯⋯	5 片
糖 / 黃糖	⋯⋯⋯⋯⋯⋯⋯	5 茶匙

做法

01 糯米粉一邊加熱水,一邊用筷子攪拌成雪花狀,揉成稍硬麵糰。

02 番薯待水沸騰後蒸15-20分鐘,熟透後,用叉子壓成蓉。

03 取一半番薯蓉揉成十數粒圓球狀。

04 另一半番薯蓉加入麵糰中,揉成較軟的麵糰。

05 將麵糰切成小塊,壓扁,包入番薯蓉。

06 鍋子注入適量水,放入薑片和糖煮至沸騰。

07 最後加入湯圓,煮至湯圓浮面即可。

木糠布丁
Serradura

香甜的忌廉，配上一層香郁的餅乾碎，就像
母親平實卻不失溫柔的形象。弄一杯木糠布
丁給母親大人，必定讓她甜入心扉。

○○○○○○○○○○○○○○○○○○○○○○○○○○○○○○○○○○○○

製作難度 ☆★★★★☆

材料

淡忌廉 ……………………	100 克
雲呢拿香油 …………………	2-3 滴
煉奶 ………………………	30 克
藍莓果醬 …………………	15 克
瑪利餅 ……………………	16 塊

做法

01 淡忌廉打至七成企身，即提起時忌
　　廉尖端會呈勾形，然後加入雲呢拿
　　香油，打發均勻。

02 加入煉奶和藍莓果醬，攪拌均勻。

03 攪拌至藍莓忌廉不會流動即可。

04 將藍莓忌廉倒入唧袋備用。

05 瑪利餅掰碎後，放入攪拌機，攪拌
　　至餅乾完全呈粉狀。

06 在容器底部先唧上一層藍莓忌廉。

07 鋪上餅乾碎，輕輕壓平。

08 再唧上藍莓忌廉，如此類推，填滿
　　容器至9分滿，放入雪櫃4小時或以
　　上即可食用。

注意每層分量

1. 木糠布丁相對簡單，是
零失敗的甜點，只需注意
每層餅乾碎的分量不要太
多以致影響口感即可。

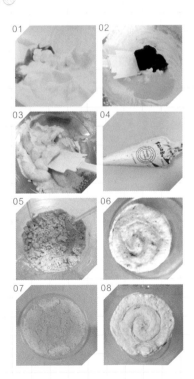

鈕扣曲奇
Button Cookies

據說舊時在日本，年輕伙子在上戰場前會把軍服的第二顆鈕扣摘下來送給喜歡的人。為甚麼是第二顆？因為這位置剛好被軍袋的掛帶遮蓋著，不會被長官發現。同時，也是最接近心臟的鈕扣。

◀◀◀◀◀◀◀◀◀◀◀◀◀◀◀◀◀◀◀◀◀◀◀◀◀◀◀◀◀

製作難度　☆☆☆☆☆

材料

牛油	50 克
糖霜	40 克
雞蛋	15 克
低筋麵粉	110 克
可可粉	1 湯匙
綠茶粉	1 湯匙

做法

01 將牛油切成小方塊，置室溫軟化，加入糖霜。

02 打蛋器用中/低速攪拌均勻。

03 分數次加入蛋液，打發至完全融合後再次加入蛋液。

04 繼續打發至體積膨脹、顏色發白。

05 分次篩入低筋麵粉，攪拌均勻，並揉成麵糰。

06 麵糰平均分成三份，第一份加入可可粉，第二份加入綠茶粉，第三份保留原味。

07 麵糰揉合均勻後，包上保鮮紙，放入雪櫃冷藏約1小時。

08 在麵糰上灑上少量麵粉，擀開麵糰。首先用大唧嘴在麵糰上切出圓形，再用細唧嘴在大圈裏壓出坑紋。

09 然後用筷子在鈕扣裏鑽出2-4個小洞。

10 放入已預熱焗爐，用180℃焗5-10分鐘即可。

烘焗時要特別留神

1.鈕扣曲奇的製作時間比較長，在製作過程中，如果麵糰變軟不便塑形，建議把麵糰放回雪櫃冷藏15分鐘後再繼續操作。

2.由於餅乾比較薄小，烘焗時應加倍留神，烘焗溫度與時間可根據自家焗爐而調節。

蝴蝶酥
Chocolate Palmiers

香酥甜脆的蝴蝶酥捲成心心形狀，很適合在
情人節當天送給另一半，光是看已經甜入心。

製作難度	★☆☆☆☆

材料

24cm X 24cm 急凍酥皮 ……… 1 塊
蛋黃 …………………………… 1 個
黃糖 ………………………… 40 克
免調溫巧克力 …………… 100 克

做法

01 預熱焗爐至190℃。將解凍後的酥
皮輕輕掃上少量蛋黃液，並灑上黃
糖。

02 酥皮兩邊往內摺4cm，用手輕輕按
壓，再往內摺4cm，最後疊成一個6
層酥皮的長方形。

03 放入雪櫃冷藏20分鐘。

04 用利刀切開約1/2吋闊的幼條，把上
面兩邊稍稍分開，焗後就會像心形
的形狀。

05 放入焗爐焗約12分鐘，翻轉另一面
繼續焗大概8分鐘，直至兩面金黃、
鬆脆。

06 蝴蝶酥焗好後放涼。

07 巧克力切成細塊隔熱水座融。

08 蝴蝶酥沾上巧克力後放在牛油紙上
直至凝固。

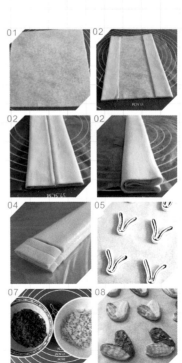

紫薯撻
Purple Sweet Potato Tart

紫薯經過耐心翻炒後形成細膩香甜的口感，這道看似簡單
的料理實際上隱藏了滿滿的心意。

◀◀◀◀◀◀◀◀◀◀◀◀◀◀◀◀◀◀◀◀◀◀◀◀◀◀◀

製作難度	☆☆☆☆☆

材料

甜麵糰	適量
大紫薯	2 根
白砂糖	50 克
紅糖	50 克
食用油	30 毫升

保存紫薯餡

1. 做好的紫薯餡還沒用到
的話，可以用保鮮紙貼合
地覆在紫薯餡上，然後放
入雪櫃，可以防止紫薯餡
變乾。

做法

01 甜麵糰可參照曲奇批皮麵糰做法。（P.22）

02 在膠墊和桿麵棍上灑上低筋麵粉，取一小塊甜麵糰擀薄。

03 麵糰放入船形撻模上，把麵糰輕柔貼合在撻模後用桿麵棍壓去多餘麵糰。

04 用叉子在麵糰上刺洞，防止烘烤期間底部過度膨脹。

05 取出另一個船形撻模，在背面抹上牛油，貼合地壓在麵糰上，然後加入烘烤石或豆類等有重量的東西。

06 預熱焗爐，用180℃焗18分鐘至撻皮金黃色即可。

07 紫薯隔水大火蒸25分鐘關火，焗30分鐘。

08 紫薯去皮，切塊，放入攪拌機，加入紫薯重量2/3的水攪拌成紫薯蓉。

09 紫薯蓉倒入平底鑊，用中火一直翻炒，記得使用耐熱刮刀。

10 整個翻炒過程大概45分鐘，在紫薯蓉勉強能成團的時候，加入白砂糖和紅糖繼續翻炒。

11 等糖全部融化後，加入食用油翻炒均勻。

12 將炒好的紫薯餡過篩，放涼備用。

13 唧袋裝好五瓣菊花唧嘴，把放涼的紫薯倒入唧袋，在脫模後的撻皮上唧入紫薯餡即成。

糖不甩
Glutinous Rice Balls with Peanuts

相傳糖不甩跟男女姻緣有關，舊時社會保守，很少自由戀愛這回事。通常都是媒婆帶年輕伙子到姑娘家相親，如果女方同意這門親事，就會端出糖不甩招待男方，意味著這門親事甩不了。但如果是端上打散了雞蛋的腐竹糖水，那就代表這門親事散了。

配料可預先做好

1. 花生、椰絲、砂糖的比例為1：1/2：1/2。

2. 做好的配料可使用密封袋保存約1星期，建議食用前才灑上配料，以防配料吸潮變軟。

3. 沒有微波爐可以用焗爐代替，用180℃焗5分鐘。

製作難度

☆★★★★★

丸子材料

糯米粉	75 克
熱水	50 克
花生	35 克
椰絲	3 湯匙
砂糖	3 湯匙

做法

01 將花生放入微波爐用450W加熱5分鐘，輕輕一搓就可以去掉紅衣。

02 把花生放入鍋中用小火炒至金黃色。

03 用攪拌機將花生打成粉狀。亦可用廚房紙包著花生，壓碎，保留花生粒，口感更佳。

04 將花生碎、砂糖和椰絲，攪拌均勻，備用。

05 製作丸子。在糯米粉中慢慢加入熱水，並用筷子攪拌成雪花狀。

06 然後將糯米粉揉合成麵糰，搓成小丸子。

07 把丸子放入滾水中煮至浮起即可。

08 丸子排放好在碟子上，灑上配料即成。

海鹽焦糖焗芝士蛋糕

Baked Caramel Cheesecake

中秋節是一個人月兩團圓的日子，在這麼溫暖的節日裏，親手製作一個芝士蛋糕和親友們一邊分享、一邊賞月也是個不錯的選擇哦！

◁◁◁◁◁◁◁◁ ◁◁ ◁◁◁ ◁◁◁◁◁◁ ◁◁◁◁◁◁◁ ◁◁◁ ◁◁◁◁◁◁◁

製作難度	☆☆☆☆☆

餅底材料

牛油	25 克
消化餅	50 克

焦糖醬

白砂糖	50 克
忌廉	100 克
牛油	60 克
海鹽	1 克

芝士麵糊

忌廉芝士	227 克
白砂糖	35 克
雞蛋	1 顆
蛋黃	1 個
淡忌廉	2 湯匙
低筋麵粉	1 湯匙

做法

01 將已融化的牛油加入已壓碎的消化餅中拌匀，平鋪在活底蛋糕模中，壓緊，放入雪櫃備用。

02 淡忌廉放入小奶鍋裏煮至沸騰，離火備用。

03 預備一乾淨鍋，放入白砂糖，用小火加熱至糖融化。

04 糖變焦色後，不要熄火，分數次加入已煮沸的淡忌廉。每次加入忌廉時都會冒起大煙，待煙散去才加入第2次。

05 熄火，加入室溫牛油和海鹽，攪拌均勻，然後過篩放涼。

06 忌廉芝士置室溫軟化，用打蛋器打至順滑沒有顆粒，加入白砂糖打至均勻。

07 分次加入雞蛋和蛋黃拌勻。從這個步驟開始，建議使用手動打蛋器避免過度打發。

08 加入淡忌廉和篩入低筋麵粉，攪拌均勻。

09 將芝士糊與焦糖醬拌勻，過篩，加入已鋪好餅底的蛋糕模中。

10 用160℃焗50-60分鐘，放涼後放入雪櫃冷藏一晚即成。

檸檬戚風
Lemon Chiffon

如果你是屬於不幸收到了不少檸檬的光棍，那你的機會到了！在這個孤單的日子裏，把檸檬製作成酸甜鬆軟的戚風蛋糕，和你身邊的朋友分享你的酸溜溜滋味吧！

切忌過分攪拌

1. 蛋黃糊在篩入低筋麵粉後，攪拌至無顆粒即可，切忌過分攪拌導致麵糊起筋。

製作難度 ☆★★★★

材料

檸檬	1/2 個
雞蛋	3 顆
橄欖油	25 克
檸檬青	少量
蜂蜜	15 克
低筋麵粉	60 克
泡打粉	1 克
牛奶	40 毫升
砂糖	40 克

做法

01 刨出檸檬皮成檸檬青，刮走白瓤，剁碎，剁得多碎有多碎，備用。

02 將蛋白和蛋黃分開，蛋黃加入橄欖油、檸檬青和蜂蜜，攪拌均勻；蛋白備用。

03 篩入低筋麵粉和泡打粉，攪拌均勻。

04 加入牛奶和3/4檸檬汁，攪拌均勻。

05 打發蛋白。分3次加入砂糖和剩下的檸檬汁打發至提起打蛋器呈小彎勾。（請參考：如何打發穩定的法式蛋白霜P.20）

06 分3次將已打發的蛋白加入蛋黃漿裏，翻拌均勻。

07 蛋糕糊倒入模具至7-8分滿。

08 放入已預熱焗爐，用160℃焗50-55分鐘。取出後立刻倒扣至完全涼卻即可脫模。

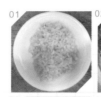

銅鑼燒
Dorayaki

小時候看卡通時總會想大雄和多啦Ａ夢那麼愛
吃豆沙包,究竟豆沙包是甚麼滋味的呢?

◀◀◀◀◀◀ ◀ ◀ ◀ ◀◀◀◀◀◀◀ ◀◀◀◀◀ ◀◀ ◀◀

材料

雞蛋	4 顆
糖霜	200 克
蜂蜜	2 湯匙
泡打粉	2 克
低筋麵粉	240 克
牛油	20 克
牛奶	8 湯匙

製作難度

☆★★★☆

做法

01 雞蛋加入糖霜攪拌均勻。

02 加入蜂蜜攪拌均勻。

03 分次篩入泡打粉和低筋麵粉,拌勻。

04 加入已融化的牛油攪拌均勻,放入雪櫃
冷藏約15分鐘。

05 冷藏後,麵糊會很稠。

06 加入牛奶調整濃度。

07 把麵糊拌成表面光滑,舀起的麵糊滴落
後痕跡很快消失的狀態。

08 將麵糊倒入預熱好的鍋裏。

09 用小火煎至出現小氣泡便可翻面。

10 將豆沙抹在其中一塊餅皮上,蓋上另外
一塊即可。

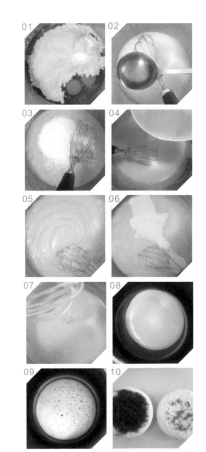

小技巧 1

冷藏後，攪勻的過程中切勿打發雞蛋，這會把空氣泡泡混到麵糊裏，會出現顏色不均的問題。

左圖：沒有起泡的麵糊。
右圖：有泡泡的麵糊。

小技巧 2

加入麵糊前，鍋子必須燒熱，不然會影響上色。

左圖：預熱鍋子煎出來的餅皮。
右圖：沒預熱/鍋子不夠熱煎出來的餅皮。

小技巧 3

當麵糊開始出現小氣泡時，千萬別心急翻面，必須等全部小泡泡都撐破了才翻轉另面。

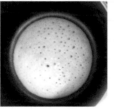

左圖：開始出現泡泡，但麵糊中間部分仍舊是濕潤的。
右圖：全部泡泡都撐破了形成小洞，可以翻轉另一面了。

小技巧 4

全部泡泡撐破以後，要馬上翻面，不然就會過分上色，導致銅鑼燒黑黑的，顏色不夠金黃。

左圖：金黃漂亮的餅皮。
右圖：有一點點過火的餅皮。

抹茶巧克力棉花糖多士
Marshmallow Toast

潔白的棉花糖就像是冬日大雪後白皚皚的大地，張開嘴巴把冬日美景吃到肚子裏吧！

材料	
白方包	1 塊
可可粉	1/2 湯匙
抹茶粉	1/2 湯匙
棉花糖	12 顆
黑巧克力	適量

製作難度
☆ ★ ★ ★ ☆

做法

01 方包預先放入焗爐焗至微微金黃色，出爐後灑上可可粉和抹茶粉。

02 棉花糖整齊地鋪在方包上。

03 預熱焗爐，方包放入焗爐最上層，用180℃焗5-10分鐘至表面呈金黃色。

04 黑巧克力放入唧袋，泡在熱水裏座融，唧袋剪一小口，在棉花糖多士上快速拉綫裝飾即成。

泡芙塔
Green Tea Christmas Puff

把一個個迷你的抹茶泡芙疊成聖誕樹，充滿節日
氣氛，把泡芙塔帶到派對上與朋友分享！

餡料

巧克力		65 克
淡忌廉		100 克
煉奶		20 克

製作難度

☆★☆★☆

材料

水		90 克
鹽		1 克
糖		5 克
牛油		45 克
低筋麵粉		14 克
高筋麵粉		43 克
綠茶粉		3 克
全蛋 （室溫）		2 顆

做法

01 將水、鹽、糖、牛油加入鍋中，用中火加熱至沸騰。

02 加入已過篩的粉類，迅速攪拌。

03 拌勻至完全無粉粒、底部出現薄膜即可關火。

04 放涼至不燙手，即可分數次加入全蛋液，每次攪拌至完全融合才加入蛋液。

05 加至挑起有約3cm長的倒三角而不掉落即可。

06 將麵糊倒入唧袋，唧出各種形狀。放入已預熱焗爐，用200℃焗10分鐘，再轉180℃焗20分鐘至泡芙呈金黃色。

07 巧克力隔熱水融化。

08 淡忌廉加入煉乳打發至脫離水狀，加入已融化的巧克力打發至出現紋路。

09 將打發好的巧克力忌廉倒入唧袋，泡芙底部用筷子戳一個小洞，唧入巧克力忌廉。

10 用派對帽作底基，並以糖霜式糖水快速黏合成泡芙塔。

草莓泡芙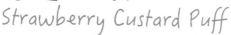
Strawberry Custard Puff

聖誕節剛好是草莓當造的季節，當然要好好利用一下當
令的水果製作出最美味的甜點，為冬日添上一絲暖意。

◄◄◄◄◄◄◄◄◄◄◄◄◄◄◄◄◄◄◄◄◄◄◄◄◄◄◄◄◄◄◄◄◄◄◄◄◄

制作難度 ☆☆☆☆☆

材料	
清水	160 克
鹽	1 克
糖	5 克
牛油	80 克
低筋麵粉	100 克
雞蛋	3 顆

草莓吉士餡

即溶吉士粉	35 克
牛奶	90 克
草莓	8-10 顆

做法

01 將水、鹽、糖、牛油加入鍋中，用中火加熱攪溶。

02 加入低筋麵粉，迅速攪拌。

03 攪拌至完全無粉粒，底部出現薄膜即可關火。

04 放涼至不燙手，分多次加入全蛋液，每次攪拌至完全融合才加入蛋液。

05 加至挑起約有3cm長的倒三角而不掉落的即可。

06 將麵糊裝入唧袋，唧出各種形狀。放入已預熱焗爐用200℃焗10分鐘，再轉180℃焗20分鐘至泡芙呈金黃色。

07 吉士粉加入牛奶攪拌。

08 攪拌至呈順滑忌廉狀，倒入唧袋。

09 出爐後，將泡芙橫切開半，唧入吉士醬。

10 放上草莓，蓋上另一半泡芙，撒上糖霜即成。

選購即溶吉士粉

1. 吉士粉必須使用明確標明「即溶吉士粉」，普通的 吉士粉混合牛奶是做不出忌廉狀的。

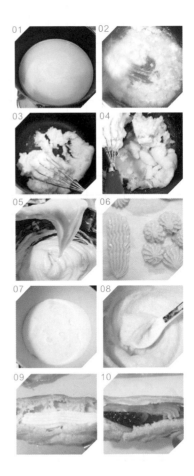

牛軋糖
Nougat

新年不可少的肯定是塞滿了糖果、瓜子的新年全盒，把自家製的糖果放到全盒裏招待親朋戚友也是不錯的選擇哦！

製作難度	★☆☆☆☆

材料

去衣花生	120 克
腰果	20 克
牛油	35 克
棉花糖	150 克
奶粉	63 克
即溶吉士粉	17 克
葡萄乾	35 克

牛軋糖黏度高

1. 由於牛軋糖糊的黏度十分高，建議塑形時使用不黏的模具，方便脱模和清洗。

2. 可隨個人喜好加入喜歡的果仁。

做法

01 將已去衣的花生和腰果烘焗或炒至金黃色，稍稍敲碎備用。

02 牛油隔熱水座融，備用。

03 棉花糖放入微波爐叮2分鐘，快速加入牛油攪拌均勻。

04 加入奶粉和即溶吉士粉快速攪拌均勻。

05 最後加入花生、腰果和葡萄乾，攪拌均勻。

06 把牛軋糖倒入方形模具中塑形。

07 放入雪櫃冷藏30分鐘待牛軋糖變硬，取出切塊。

08 用糖果紙或牛油紙包好，放入雪櫃保存。

薑餅人棒棒糖
Gingerbread Man Lollipop

相傳未婚女子若吃下男人形的薑餅，就可早日找到如意郎君，不妨與一班好友一同動手，把薑餅人做成一根根的棒棒糖，一起感受聖誕的溫暖和祝福。

◀◀◀◀◀◀◀◀◀◀◀◀◀◀◀◀◀◀◀◀◀◀◀◀◀

製作難度
☆ ★ ★ ★ ☆

材料

甜麵糰 ·························	適量
棒棒糖棍 ······················	適量
彩色巧克力筆 ··················	數支

送禮包裝小秘訣

1. 送禮時，可套上透明長方形包裝袋，用鐵絲封口，放入密封盒內，這樣既衛生又安全。

做法

01 甜麵糰可參照曲奇批皮麵糰做法。（P.22）

02 在膠墊和桿麵棍上灑上低筋麵粉，取一小塊甜麵糰擀薄。

03 用薑餅人曲奇模壓出麵糰，放到不黏烤盤上。

04 用棍在薑餅人頸部位置輕輕壓下，小心不要壓穿麵糰，也不能壓得太輕。

05 預熱焗爐，用180℃焗15分鐘至表面金黃。

06 餅乾出爐後，待放涼後從焗盤上取出，否則很容易損壞。

07 用不同顏色的巧克力筆在餅乾上畫上表情即成。

抹茶忌廉蛋糕卷
Matcha Swiss Roll

木頭蛋糕是聖誕節不可或缺的甜點,吃膩了傳統
的巧克力木頭蛋糕,可試試轉換口味,跟著食譜
做一個鮮嫩翠綠的抹茶忌廉蛋糕卷!

材料	
雞蛋	3 顆
蜜糖	20 克
牛奶	30 克
低筋麵粉	40 克
抹茶粉	6 克
白砂糖	60 克

抹茶忌廉餡	
淡忌廉	150 克
煉奶	30 克
抹茶粉	3 克

做法

01 先把雞蛋分開蛋白和蛋黃,在蛋黃裏
加入蜜糖和牛奶攪拌均勻。

02 把抹茶粉和低筋麵粉混合均勻,然後
篩入蛋黃液裏攪拌至無粉粒。

03 蛋白分三次加入細白砂糖,打發至呈
小彎角即可。

04 打發好的蛋白分三次加入蛋黃糊裏,
以翻拌手法(P.18)混合均勻。

05 將蛋糕糊倒入已經鋪好牛油紙的焗
盤,放入已經預熱的焗爐用180℃焗
15分鐘。

06 桌面鋪上一張稍大的牛油紙,出爐後
立即把蛋糕片翻轉倒扣在牛油紙上,
撕去背面的牛油紙放涼,撕去的牛油
紙輕輕蓋在蛋糕片上以防蛋糕片過
乾。

07 淡忌廉加入煉奶和抹茶粉攪拌均勻,
打發至出現深刻紋路,即唧花狀態。

08 把淡忌廉塗在蛋糕片上,在蛋糕片末
端預留一些空位,以防忌廉外漏弄髒
蛋糕卷。

09 以桿麵棍作輔助,卷起蛋糕片,輕輕
收緊牛油紙,密封包好蛋糕卷,放入
雪櫃冷藏4小時或以上即成。

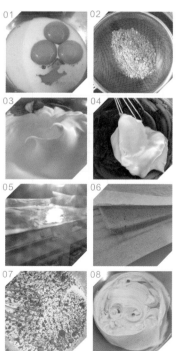

唧花曲奇
Butter Cookies

新年總免不了要到處拜年，不外乎買些糖果餅乾作賀年禮物。如果想要主人家更能感受到你的心意，不妨試試親手做曲奇，肯定比買的讓人更感動。

◀◀◀◀◀◀◀◀◀◀◀◀◀◀◀◀◀◀

製作難度
☆★★★☆

軟化牛油技巧

1.天氣熱的話，可以選擇室溫軟化；天氣冷的時候，可以在焗爐內放一杯熱水，和牛油錯開位置擺放即可。

2.杏仁粉用作增添香氣，沒有的話可以省略。

無鹽牛油	……………………	80 克
糖霜	……………………	25 克
鹽	……………………	1 克
蛋黃	……………………	1 個
淡忌廉	……………………	20 毫升
低筋麵粉	……………………	100 克
杏仁粉	……………………	15 克

做法

01 無鹽牛油置室溫軟化。

02 將已軟化的牛油加入糖霜和鹽，打發至稍稍變白、體積變大。

03 加入蛋黃打發均勻。

04 淡忌廉分2-3次加入牛油中打發，每次需打發均勻才加入下一次。

05 篩入低筋麵粉和杏仁粉，以壓拌和翻拌手法（P.18）攪拌均勻。

06 把麵糊倒入已安裝唧嘴的唧袋中。（食譜中使用的是八齒菊花嘴。）

07 在不黏焗盤上唧出大小、形狀均等的曲奇。

08 連帶焗盤放入雪櫃冷藏，然後以200℃預熱焗爐最少15分鐘。

09 把曲奇取出，直接放入已經預熱好的焗爐中，曲奇剛放進去時會變的十分油亮，當曲奇的油亮消失時，調低焗爐溫度至180℃焗15-18分鐘，直至曲奇金黃即可。

10 曲奇出爐後不要馬上移動，待自然放涼，曲奇才會鬆脆。

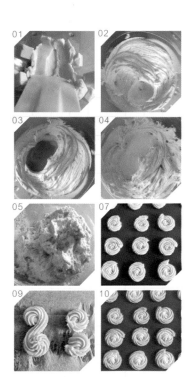

松露巧克力
Chocolate Truffles

情人節想向喜歡的人表白，又覺得買巧克力
太沒有誠意？可以試試自己動手製作香濃和
入口即化的松露巧克力，絕不失禮！

◀◀◀◀ ◀◀ ◀◀ ◀◀ ◀◀ ◀◀ ◀◀ ◀◀ ◀◀ ◀◀ ◀◀ ◀◀

| 製作難度 | ☆☆☆☆☆ |

材料

淡忌廉	40 克
麥芽水飴	8 克
牛油	8 克
巧克力	75 克
防潮可可粉	適量

做法

01 淡忌廉加入麥芽水飴和牛油，用小
   火煮至沸騰，離火。

02 把忌廉溶液加入巧克力裏，靜止5分
   鐘。

03 然後攪拌成巧克力漿，放置室溫。

04 包上保鮮紙，放入雪櫃冷藏約1-2小
   時至凝固。

05 把巧克力泥搓揉成球狀。

06 將巧克力球在放防潮可可粉裏滾一
   滾即成。

玫瑰紅桑莓馬卡龍
Rose Raspberry Macaron

白色情人節又稱為派之日，在這個別具意義的日子裏，把充滿濃濃心意的玫瑰融入馬卡龍當中，送給那個特別的他／她吧！

| 製作難度 | ☆☆★★★ |

意式蛋白糖霜

蛋白	30 克
白砂糖	90 克
水	25 克

馬卡龍麵糊

杏仁粉	90 克
糖霜	90 克
色粉	少許
蛋白	30 克

紅桑莓夾心

紅桑莓果蓉	50 克
蘋果膠	2 克

玫瑰莓芝士餡

忌廉芝士	100 克
無鹽牛油	50 克
玫瑰香油	數滴
紅桑莓果蓉	20 克

做法

01 參考意式馬卡龍（P.25）及馬卡龍技巧（P.27）。

02 製作紅桑莓夾心。紅桑莓果蓉加入蘋果膠，煮至沸騰後放涼裝入唧袋備用。

03 製作玫瑰芝士餡。忌廉芝士和無鹽牛油分開置室溫軟化，各自攪打至順滑後混合打發均勻。

04 加入玫瑰香油和室溫紅桑莓果蓉，攪打均勻，裝入唧袋。

05 在馬卡龍殼上唧上玫瑰芝士餡，中間唧入紅桑莓夾心餡，蓋上另外一片馬卡龍組即成。

蛋黃酥
Yolk Pastry

中秋節吃膩了雙黃白蓮蓉？不如試試把蛋黃配搭香甜可口的番薯餡，再包裹上潔白的中式酥皮，為這個中秋增添一分新意吧！

製作難度 ☆☆☆☆☆

番薯餡材料

番薯	450 克
清水	290 克
紅糖	100 克
牛油	55 克
鹹蛋黃	17 個

油皮材料

中筋麵粉	150 克
豬油	50 克
細砂糖	30 克
水	60 克

油酥材料

低筋麵粉	125 克
豬油	60 克

飾面材料

蛋黃	1 個
黑芝麻	適量

製作番薯餡

01 把番薯煮熟，去皮切塊，加入清水，用攪拌器打成細膩、濃稠的糊狀。

02 把番薯糊倒入平底鍋內，用小火不停翻炒。

03 炒至番薯餡開始成團，加入紅糖翻炒均勻。

04 加入牛油，繼續翻炒均勻。

05 把番薯餡一直炒到成團，不黏鍋即可，放涼待用。

06 鹹蛋黃洗刷乾淨，隔水蒸3分鐘至半熟，放涼待用。

07 將已放涼的番薯餡分成每個約25克，包上鹹蛋黃，備用。

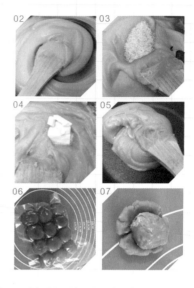

製作油皮

01 把所有油皮材料搓揉成能拉出薄膜的麵糰，包上保鮮紙靜置鬆弛。（可用麵包機代勞，花了約15-20分鐘完成。）

02 把油皮麵糰分成17克一個。

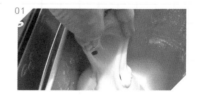

製作油酥

01 把油酥材料搓揉成麵糰，同樣靜置鬆弛20分鐘。

02 把油酥麵糰分成10克一個。

製作酥皮

01 將一份油皮包入一份油酥。

02 油皮慢慢地從虎口位推上來，收口位若有油皮多出可去掉不要。

03 包裹好後蓋上保鮮紙，用桿麵棍從中間往兩頭擀開，擀成牛舌狀。

04 卷起成長條狀，蓋上保鮮紙，醒發20分鐘。

05 把醒發好的麵糰再一次擀開，切忌不要擀得太窄。

06 再一次卷起成長條狀，同樣，醒發20分鐘。

組合

01 把麵糰的兩端往中間摺。

02 然後擀開成圓形。

03 同樣麵糰從虎口位推上，包入番薯鹹蛋。

04 將包好的蛋黃酥排好，中間預留一點空間讓蛋黃酥稍稍膨脹。

05 塗上蛋黃，撒上黑芝麻。

06 放入已預熱焗爐，用170℃焗40-50分鐘至金黃色即成。

聖誕圈糖霜曲奇
Christmas Wreath Cookies

聖誕花環是聖誕不可缺少的東西，綠油油的枝葉
配上紅艷的果實，營造出十足的聖誕氣氛哦！

◁◁◁◁◁◁◁◁◁◁ ◁◁ ◁◁◁◁◁◁◁◁◁ ◁◁◁◁◁◁◁ ◁

製作難度 ☆★★★☆

做法

01 無鹽牛油置室溫軟化至容易壓開。

02 加入細砂糖攪拌至牛油稍稍變白和膨脹。

03 分次加入蛋黃，攪拌均勻。

04 篩入已經混合均勻的低筋麵粉和咖啡粉，
以翻拌和壓拌的手法耐心混合均勻。

05 輕輕地揉合成麵糰便可，不用過分搓揉。

06 麵糰按扁，包上保鮮紙，放入雪櫃冷藏約1
小時。

07 將麵糰取出擀開，用圓形或有花紋的曲奇
模切出麵糰。

08 放入已預熱焗爐用180℃焗15-20分鐘至表
面呈金黃色即可。

09 出爐後，餅乾放涼備用。同時開始製作裝
飾用的糖霜。

10 蛋白加入糖霜，耐心混合至無粉粒。

11 放入色素，切記糖霜不可太硬或太軟，太
硬會唧破唧袋沒法裝飾，太軟則做不到花
紋，晾乾的時間也相對較長。

12 撒上裝飾糖珠，放置數小時至糖霜凝結即
成。

材料

無鹽牛油	150 克
細砂糖	50 克
蛋黃	2 個
低筋麵粉	210 克
咖啡粉	15 克

裝飾

蛋白	15 克
糖霜	150 克
色素	適量
裝飾糖珠	適量

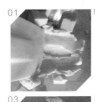

聖誕樹蛋白糖霜脆餅
Meringue Christmas Tree

蛋白餅是一種很多變的甜點，可以根據需要改變它的形狀和顏色。入口即化的蛋白餅就像冬日裏的雪花般，讓人來不及抓住就消失了。

◄◄◄◄▲◄◄▲◄◄◄◄◄◄▲◄◄◄◄◄◄▲◄◄◄◄◄◄

製作難度	☆★★★☆

材料

水	500 毫升
蛋白	65 克
白砂糖	65 克
綠色素	適量
裝飾糖珠	適量

打發蛋白霜時間

1.蛋白霜打發的程度愈高，烘焙的時間可以稍稍的減少，但相對的，唧出來的蛋白霜會不那麼光滑，所以要調整好的打發的程度和烘焗的時間是需要經驗的累積。

做法

01 將水煮至小沸騰，備用。

02 把蛋白倒入一個可以卡在鍋上而踫不到熱水的打蛋盆裏。

03 把白砂糖加入蛋白裏，用手動打蛋器攪拌至白砂糖完全融化。

04 用電動打蛋器用高速開始打發蛋白，慢慢調低速度，打至蛋白開始出現羽毛狀。

05 加入色素，繼續打發均勻。

06 把蛋白霜倒入已安裝六瓣菊花唧嘴的唧袋裏。

07 在焗盤上鋪上牛油紙，繞圈唧三圈，唧的過程慢慢往上轉。

08 唧好後，撒上裝飾糖珠，放入已預熱的焗爐用100℃焗4小時，焗好後不要打開焗爐門，直到蛋白糖在焗爐自然放涼。

兔子馬卡龍
Rabbit Macaron

可愛的兔子和復活蛋是復活節的象徵，把馬卡龍做成兔子和復活蛋形狀，
絕對可以萌呆親朋戚友喔！

製作難度	★☆☆☆☆

法色蛋白糖霜

蛋白	70 克
細白砂糖	50 克

份量

10 隻	兔子
9 顆	蛋

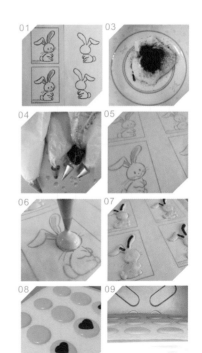

馬卡龍麵糊

杏仁粉	………………	70 克
糖霜	………………	90 克
黃色色粉	………………	½ 茶匙
藍色色粉	………………	½ 茶匙
粉色色粉	………………	½ 茶匙

雲呢拿餡

雲呢拿籽	………………	½ 條
牛奶	………………	100 毫升
全蛋	………………	76 克
砂糖	………………	60 克
無鹽牛油	………………	250 克

做法

01 由於兔子不是對稱圖形，需要準備正、反兩面的圖案，作馬卡龍的上殼和下殼。

02 參考法式馬卡龍步驟1－3（P.26）。

03 將麵糊分成四份：一份大，保留原色；兩份中，加入黃色色粉、藍色色粉；一份迷你，加入粉色色粉。

04 將四份麵糊分別倒入唧袋中。

05 在圖案上鋪上牛油紙。

06 垂直唧袋，唧出橢圓形的頭、耳朵、身體、手腳和尾巴。

07 然後在耳朵，唧上粉色麵糊。

08 黃色和藍色麵糊分別擠成蛋形。

09 把麵糊晾至表面微硬，放入焗爐烘焗，可參考馬卡龍技巧（P.27）。

10 製作雲呢拿餡。將全蛋和砂糖攪拌均勻，備用。

11 用刀尖將雲呢拿籽取出放入牛奶中煮滾。

12 緩緩倒入全蛋及砂糖，一邊加入，一邊快速攪拌，煮至80℃，放涼至室溫。

13 將牛油打軟，緩緩倒入放涼後的雲呢拿牛奶，繼續攪拌均勻。

14 雲呢拿餡倒入唧袋中。

15 在馬卡龍上圍圈唧上雲呢拿餡，蓋上另外一片馬卡龍即成。

南瓜馬卡龍
Pumpkin Macaron

南瓜在萬聖節有著不可替代的象徵意義，把小驚嚇隱藏在可愛的南瓜中，
絕對能讓你的朋友嚇一跳喔！

馬卡龍麵糊

杏仁粉	70 克
糖霜	90 克
橙色色粉	1/2 茶匙
黑色色粉	1/4 茶匙
綠色色粉	1/8 茶匙

草莓巧克力餡

淡忌廉	80 克
草莓果醬	適量 55%
黑巧克力	100 克
牛油	40 克

製作難度

☆★★★☆

法色蛋白糖霜

蛋白	70 克
細白砂糖	50 克

> ## 巧克力甜度
>
> 1.雖然馬卡龍的甜度較高，但這裏不建議使用高過55%的黑巧克力，因為太苦的巧克力與酸性的水果餡不配。

做法

01 參考法式馬卡龍步驟1－3（P.26）。

02 將麵糊分成三份：一份大，加入橙色色粉；一份小，加入黑色色粉；一份迷你，加入綠色色粉。

03 將三份麵糊分別倒入唧袋中。

04 在南瓜圖案上鋪上牛油紙，垂直擠袋，唧出橙色南瓜頭。

05 用綠色麵糊唧出葉子。

06 然後用黑色麵糊唧出五官。

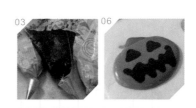

03　06

07 把麵糊晾至表面微硬，放入焗爐烘焗，可參考馬卡龍技巧（P.27）。

08 馬卡龍出爐後放涼，鏟出，備用。

09 製作草莓巧克力餡。用小奶鍋把淡忌廉煮至沸騰，離火放涼。

10 把草莓果醬、巧克力隔熱水座融。

11 分8-10次加入放涼至65-68℃的淡忌廉。

12 第一次加入淡忌廉，巧克力會變得很稠。

13 第二次加入淡忌廉，巧克力會慢慢變得沒那麼稠。

14 第三次加入淡忌廉，看到巧克力開始變稀。

15 第四次加入淡忌廉，巧克力變得粗糙。很多人以為這是失敗了，但其實剛好相反，巧克力開始和淡忌廉乳化，是成功的開始。

16 第五次加入淡忌廉，巧克力開始有光澤，還有一點點粗糙。

17 第六次加入淡忌廉，還是微微粗糙，但是光澤明顯。

18 第七次加入淡忌廉，巧克力還不夠順滑。

19 第八次加入淡忌廉攪拌均勻後，巧克力明顯很有光澤，也很順滑，流動到碗邊是不會滑落的。

20
這時候測試一下巧克力的溫度，如果巧克力有38℃，可加入已軟化的牛油攪拌。如不足38℃，側隔熱水坐熱，再加入牛油攪拌。

21
攪拌均勻後，裝入已裝上唧嘴的唧袋。

22 封實袋口，冷藏15分鐘至微硬。

23 在馬卡龍殼上圍圈唧上巧克力甘納許。

24 中間唧上草莓果醬。蓋上另外一片馬卡龍即成，冷藏後美道更佳。

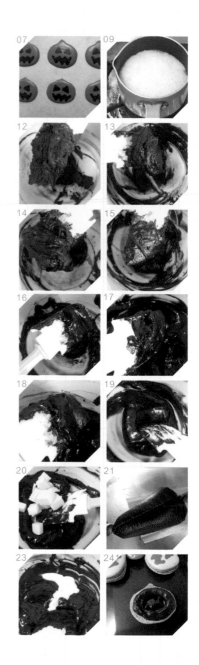

草莓撻
Strawberry Tart

冬天就是草莓當造的季節，不妨於各大聖誕派
對做一個簡單又香甜美味的草莓撻，紅紅的草
莓，很有聖誕氣氛！

◀◀◀◀◀◀◀◀◀ ◀◀◀◀◀◀◀ ◀◀◀◀◀◀

製作難度
☆★★★☆

材料

甜麵糰	……………………	適量
草莓	……………………	適量
藍橙酒	……………………	1 茶匙

杏仁忌廉

牛油	……………………	37 克
糖霜	……………………	25 克
雞蛋	……………………	45 克
杏仁粉	……………………	37 克

蛋奶醬

蛋黃	……………………	1 顆
細砂糖	……………………	25 克
粟粉	……………………	10 克
牛奶	……………………	100 毫升
雲呢拿香油	……………………	1 毫升

製作小技巧

1. 撻皮進行第一次烘烤時
只要烤熟即可，不需要上
色，因為之後還會進行第
二次烘烤。

2. 製作杏仁忌廉時，需使
用室溫雞蛋，否則會導致
牛油凝固而無法混合。

3. 製作蛋奶醬時要用小
火，不要心急，火太大會
結塊，做出來的蛋奶醬就
不順滑。

做法

01 甜麵糰可參照曲奇批皮麵糰做法（P.22）。

02 取一小塊甜麵糰，擀扁，麵糰放在撻圈上，輕輕按壓麵糰，用小刀切去多餘的麵糰。

03 用叉子在麵糰上刺洞，防止烘烤期間底部過度膨脹。

04 預熱焗爐，用180℃焗12分鐘即可。

05 製作杏仁忌廉。牛油置室溫軟化，分別加入糖霜、雞蛋和杏仁粉攪拌均勻。

06 把杏仁忌廉倒入已冷卻的撻皮至1/3滿即可，因杏仁忌廉在烘烤期間會稍稍膨脹。

07 預熱焗爐，用170℃焗20-25分鐘至杏仁忌廉凝固即可。

08 製作蛋奶醬。雞蛋加入細砂糖和粟粉攪拌均勻。

09 將牛奶和雲呢拿香油煮至60℃，不要沸騰，緩緩倒入雞蛋液中，一邊倒，一邊快速攪拌。

10 把蛋奶液倒回鍋中，慢火加熱，一邊加熱一邊用刮刀防止黏底。

11 當出現結塊，要快速刮底並壓拌，然後關火，繼續壓拌，直至蛋奶醬順滑。

12 做好的蛋奶醬連鍋馬上座入一盤冷水裏降溫，然後把蛋奶醬過篩即可。

13 烤好的杏仁忌廉撻出爐後放涼，再鋪上一層蛋奶醬。

14 草莓對半切開，放入1茶匙藍橙酒，攪拌均勻，放到撻上即成。

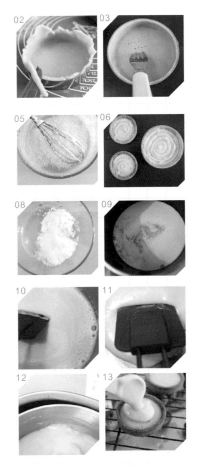

動手製作獨一無二包裝

親手製作伴手禮包裝，更體面大方，美味的甜點配搭精緻的包裝，收到的人也能感受到甜蜜蜜的滋味！

焗爐紙杯

焗爐紙杯有不同大小、形狀、顏色，具有耐熱功能，可放入焗爐中，但不可與明火接觸，更可免去清洗模具的麻煩。焗爐紙杯可焗蛋糕、麵包，亦可作糖果盒放入曲奇、巧克力等甜點，將甜點連同焗爐紙杯放入一個透明小袋，繫上一個小小的蝴蝶結，送禮精緻大方又方便！

禮物袋

禮物紙袋有不同大小，簡約或可愛的款式也有，可以放數包曲奇或巧克力，方便攜帶送給朋友！

日曆貼紙

日曆貼紙可寫上年份，圈出月份和日期。有別於傳統古板的生產日期貼紙。可於貼紙上圈出製造日期或最佳食用日期，然後貼在包裝上，令收到禮物的人既安心又暖心！

曲奇袋

有全透明、半透明、磨砂等不同種類的曲奇袋。全透明曲奇袋，讓袋中的甜點一目了然，一些造型精緻特別的甜點，不妨採用透明曲奇袋作包裝。若希望製造一些驚喜，亦可用帶點神秘感的半透明或磨砂曲奇袋。曲奇袋的包裝亦非常簡單，部分曲奇袋是自黏式設計，放入餅乾、糖果後，貼實封口位便可。亦可張曲奇袋對摺兩次，貼上喜愛的貼紙，或用顏色鐵線紮好袋口。

標籤吊牌

有多種尺寸、多款樣式的標籤吊牌,標籤吊牌可寫上祝福語句,或是畫上可愛的圖案,然後掛在禮物包裝或裝飾瓶罐上,洋溢幸福的味道,為伴手禮增添不少個人風格。

鐵盒

鐵盒可以避免曲奇餅或巧克力被壓碎或壓至變形,而且吃掉甜點後,還可以用來存放其他物件呢!

鋁紙

不會為巧克力繪上花紋也沒關係,印有不同圖案的鋁紙能把巧克力頓時變成各種物件或小動物呢!

包裝花球

加了包裝花球,自家製的愛心巧克力或曲奇餅立刻變成包裝高貴的甜點,真是捨不得拆掉漂亮的包裝呢!

多色鐵線

鐵線除了能用來封好包裝,而且五彩繽紛的顏色還能加添活力的感覺。

小鋁杯

利用小鋁杯可以造出不同形狀的巧克力,除此之外,還有不同的圖案,女生看到一定十分興奮!

布膠紙

除了用鐵線來封好包裝外，款式繁多的布膠紙也是一個不錯的選擇啊！

繩

用繩子把寫上窩心字句的標籤吊牌綁在禮物包裝或瓶罐上，既能傳達心意，又能用作裝飾。

購買地點

不少烘焙店和大型連鎖店均有出售包裝物料，不妨多走幾間，說不定有意外收穫！

宜家家居
地址： 九龍灣宏照道 38 號 MegaBox 四樓
營業時間： 10:30 - 22:30

Living PLAZA by AEON 旺角店
地址： 九龍彌敦道 601 號創興廣場 3 樓
營業時間： 10:00 - 23:00

一級甜品烘焙材料銷售中心

旺角店： 彌敦道 610 號荷李活商業中心 10 樓 1005 室
營業時間： 星期一至六 12：00 - 21：00
星期日 12：00 - 18：00

銅鑼灣店： 灣仔怡和街 48 號麥當勞大廈 16 樓 1601 室
營業時間： 星期一至六：12：00 - 21：00
星期日：12：00 - 18：00

二德惠甜品烘焙專門店

油麻地店： 香港九龍油麻地上海街 395-397 號安業商業大廈 1 字樓
營業時間： 星期一至六 11:30 - 20:00；星期二 , 五 12:00 - 20:00；
星期日及公眾假期：11:30 - 18:00

灣仔店： 香港灣仔莊士敦道 137 號 新盛商業大廈 1 字樓
營業時間： 星期一至五 11:30 - 20:00；星期三 12:00 - 20:00；
星期六：12:00 - 18:00；公眾假期：11:30 - 18:00；
星期日：休息

上海街（油麻地段）

交通： 油麻地港鐵站 A1 出口，前行至上海街轉右。

動手製作包裝袋

若嫌購買包裝物料未夠誠意，亦可一手一腳親自製作獨一無二
的包裝。

製作聖誕禮品包裝紙
網址：goo.gl/XW5ZQ9

製作糖果型禮盒
網址：goo.gl/6Wfebf

製作精美紙袋
網址：goo.gl/KWRUd3

節慶甜點一覽表

還在苦惱弄哪一款甜點給最愛？不妨參考一下這個表，趕快動手弄吧！

Sweet! 18歲甜品少女日記

給摯愛的輕甜點

細選 33 道節慶甜點，精緻包裝傳達率性感情

作者	Meiyin.H
總編輯	Ivan Cheung
責任編輯	Sophie Chan
助理編輯	Tessa Tung
文稿校對	Jessie Lee
封面設計	Eva
內文設計	Eva
出版	研出版 In Publications Limited
市務推廣	Samantha Leung
查詢	info@in-pubs.com
傳真	3568 6020
地址	九龍太子白楊街 23 號 3 樓
香港發行	春華發行代理有限公司
地址	香港九龍觀塘海濱道 171 號申新證券大廈 8 樓
電話	2775 0388
傳真	2690 3898
電郵	admin@springsino.com.hk
台灣發行	繪虹企業股份有限公司 / 大風文化
電話	02-29155869#10
傳真	02-29150586
電郵	rphsale02@gmail.com
出版日期	2016 年 01 月 25 日
ISBN	978-988-14771-8-7
售價	港幣78元 / 新台幣 350 元